U0395727

动物的秘密

王爱军 / 文　邓长发 / 图

上海科学普及出版社

图书在版编目（CIP）数据

动物的秘密 / 王爱军文；邓长发图．
－上海：上海科学普及出版社，2016.3
（奇妙世界发现之旅）
ISBN 978-7-5427-6597-0

Ⅰ．①动… Ⅱ．①王… Ⅲ．①动物－少儿读物 Ⅳ．
① Q95-49

中国版本图书馆 CIP 数据核字（2015）第 278141 号

责任编辑：李 蕾

奇妙世界发现之旅

动物的秘密

王爱军/文　邓长发/图

上海科学普及出版社出版发行

（上海中山北路832号 邮政编码200070）

http://www.pspsh.com

各地新华书店经销 北京市梨园彩印厂印刷

开本889×1194 1/12 印张3

2016年5月第1版 2016年5月第1次印刷

ISBN 978-7-5427-6597-0 定价：29.80元

目 录 CONTENTS

第一部分

蛇的秘密

蛇的骨骼系统由头骨、脊椎骨和肋骨三部分组成。

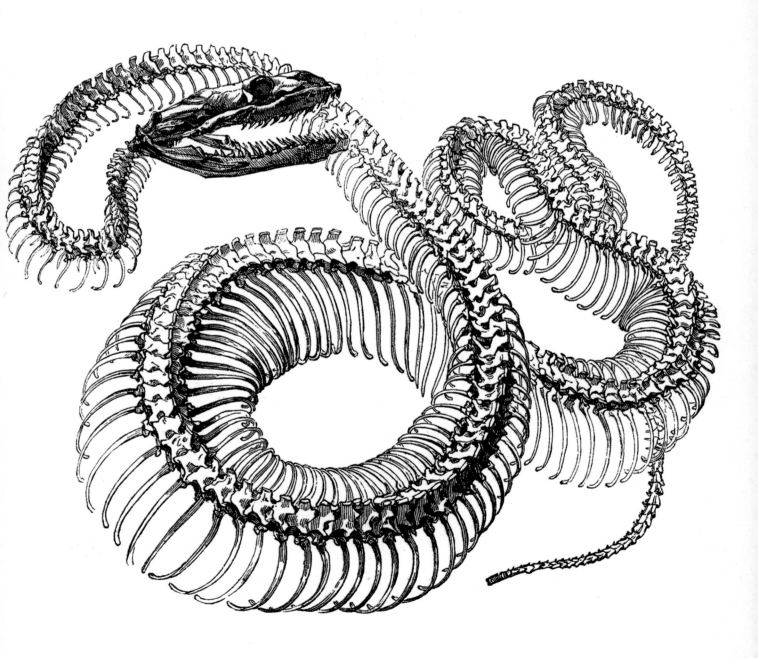

蛇没有脚，是一种爬行动物。

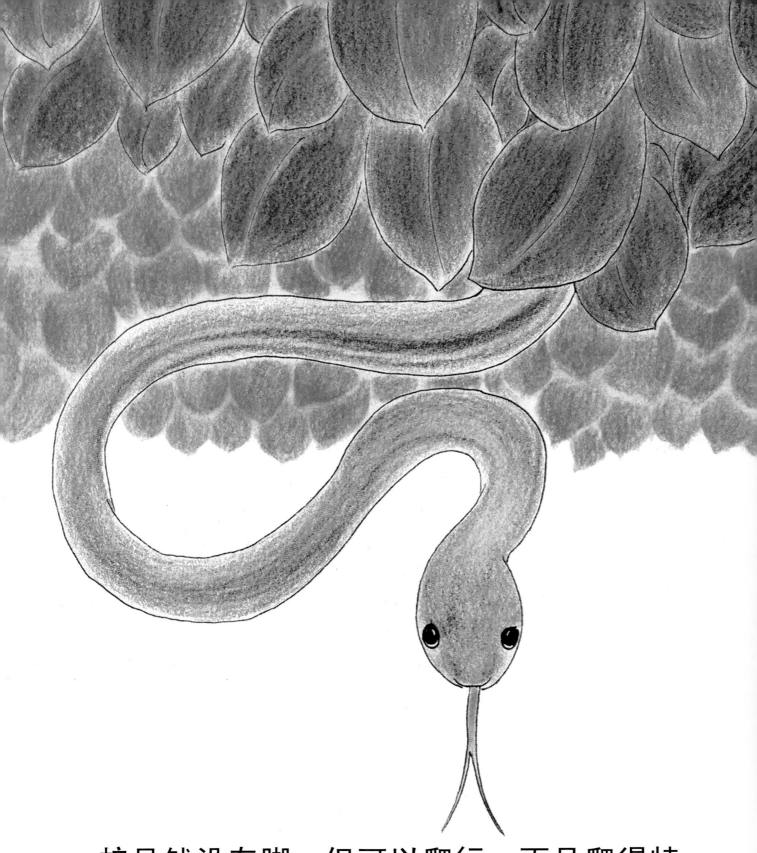

　　蛇虽然没有脚，但可以爬行，而且爬得特别快。

蛇的嘴可以张得特别大，能吞
下比它的头大很多的动物。

蛇会蜕皮，一年要蜕三四次。蛇蜕去老皮换上新皮，可以让身体不断长大。

世界上已知的蛇有 3000 多种，
体形大小相差很大。

蟒蛇是蛇类中最大的一种。

草丛中，树林里，小河或大海里都生活着各种各样的蛇。有的蛇有毒，像眼镜蛇、金环蛇等，口腔中有毒牙，头部多呈三角形。

现在世界上最毒的蛇生活在澳大利亚，名叫内陆太攀蛇，一次毒液足可杀死约 20 万只老鼠。

小朋友平时一定要小心，不要随便触碰蛇。如果不小心被蛇咬伤，一定要马上告诉大人，及时治疗。

14

小朋友，你们知道蛇在十二生肖里面排第几位吗？

沿着虚线把它画出来并涂色，
你知道这是什么蛇吗？

16

学一学与蛇有关的成语

打草惊蛇：打草时惊动了躲在草中的蛇。比喻行动不慎、不严密而惊动对方。

虎头蛇尾：头大如虎，尾细如蛇。比喻开始时声势很大，到后来劲头很小，有始无终。

画蛇添足：画蛇时给蛇添上脚。比喻做了多余的事，非但无益，反而不合适。

杯弓蛇影：将映在酒杯里的弓影误认为蛇。比喻因疑神疑鬼而引起恐惧。

蛇

蚂蚁看蛇是条龙，
大象看蛇是条虫，
不是龙，不是虫，
捉拿田鼠是英雄。

画一画

涂色

第二部分
游泳高手——企鹅

企鹅幼雏从卵壳孵出大约需要六十多天。

幼企鹅出生后会藏在妈妈身下，从而得到雌企鹅的悉心照顾。

小朋友，你们知道吗？成年企鹅每年要更换全部羽毛一次，在这个过程中它们是不会入水的。

企鹅有胖胖的身体，白白的肚皮，穿着"黑色的礼服"。

企鹅是游泳高手，它潜入水底，最多每小时可游 36 千米，和马路上的摩托车速度差不多。

企鹅喜欢成群结队地生活，上万只企鹅聚集在一起，场面可真热闹。

企鹅主要以南极磷虾为食，有时也捕食一些乌贼和小鱼。

为什么南极的企鹅不怕冷，能在零下 60 多摄氏度的冰天雪地里生活？

　　企鹅全身羽毛密布,还有着一层厚厚的"皮衣",所以不怕寒冷,能抵御零下几十摄氏度的严寒。

　　企鹅通常被当作是南极的象征，但不要以为所有的企鹅都生活在寒冷地区。

世界上现存的企鹅约有 20 种，一些温暖的地方，甚至赤道附近，也生活着不同种类的企鹅。

南极企鹅的种类并不多，但是数量相当大，南极地区现有企鹅近 1.2 亿只，占世界企鹅总数的 87%。

数一数，一共有几只企鹅？

请问在左右两幅图中有几处不同？
请把不同之处圈出来吧。

请给企鹅涂上好看的颜色。